U0177189

见识城邦

更新知识地图 拓展认知边界

企鹅
科普

（第一辑）

板块构造学说

[英]伊恩·斯图尔特 著　[英]露丝·帕尔默 绘　沈雅婷　黄芳 译

中信出版集团 | 北京

图书在版编目（CIP）数据

板块构造学说 / (英) 伊恩·斯图尔特著；(英) 露丝·帕尔默绘；沈雅婷，黄芳译. -- 北京：中信出版社，2021.3

（企鹅科普. 第一辑）

书名原文：Ladybird Expert: Plate Tectonics

ISBN 978-7-5217-2429-5

Ⅰ.①板… Ⅱ.①伊… ②露… ③沈… ④黄… Ⅲ.①大地板块构造—青少年读物 Ⅳ.①P542.4-49

中国版本图书馆CIP数据核字(2020)第217355号

Plate Tectonics by Iain Stewart with illustrations by Ruth Palmer
First published in Great Britain in the English language by Penguin Books Ltd.
Published under licence from Penguin Books Ltd. Penguin (in English and Chinese) and the Penguin logo are trademarks of Penguin Books Ltd.
Simplified Chinese translation copyright © 2021 by CITIC Press Corporation

本书仅限中国大陆地区发行销售
封底凡无企鹅防伪标识者均属未经授权之非法版本

板块构造学说

著　者：[英] 伊恩·斯图尔特
绘　者：[英] 露丝·帕尔默
译　者：沈雅婷　黄芳
出版发行：中信出版集团股份有限公司
　　　　　（北京市朝阳区惠新东街甲4号富盛大厦2座　邮编　100029）
承印者：北京尚唐印刷包装有限公司

开　本：880mm×1230mm　1/32　　印　张：1.75　　字　数：16千字
版　次：2021年3月第1版　　　　　印　次：2021年3月第1次印刷
京权图字：01-2020-0071
书　号：ISBN 978-7-5217-2429-5
定　价：188.00元（全12册）

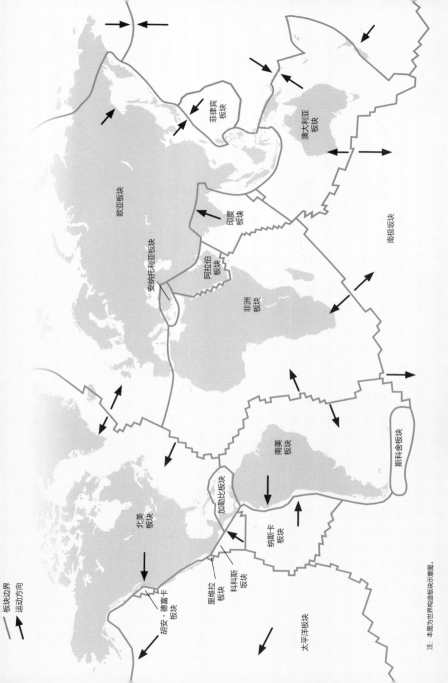

注：本图为世界构造板块示意图。

地球之谜

地球的形成是个不解之谜，它是一次行星试验的产物，只进行过一次，却持续了 45 亿年之久。要弄明白宇宙是如何一步步演化至今的似乎是一件不可能完成的任务。几个世纪以来，科学家为了解释地球上的陆地与海洋、山川与河流、火山与地震等自然要素的形成，提出过很多复杂的理论，难以理清。

然而到了 20 世纪 60 年代，仅仅数年的时间（从地质年代的角度看只是一瞬间），那些争论便烟消云散了。因为当时出现了这样一群人，他们来自各大国际研究机构，虽然其中有不少才刚刚研究生毕业，但后来都成了地球物理学界的领头人物。他们的研究成果形成了一个大一统理论，使得地球学说第一次从整体角度得到了系统的阐发，也在整个地球科学史中被奉为圭臬。

那就是板块构造学说，和世界上所有著名的大统一学说一样，该学说看似简单，实则不然。

即使在半个世纪后的今天，如果不借助板块构造学说，我们也很难透彻地了解地球。它不仅让我们对地球的运转有了科学的认识，还深深地渗透在我们的日常生活中。比如当人们谈论政治和国际事务时会用到"板块运动"或"结构性变化"等地质学术语，借以隐喻政治力量的变换。但除了地球科学家，几乎没有人能够真正理解这一学说所带来的颠覆性的、奠基性的意义。也正因如此，板块构造学说被誉为 20 世纪最伟大的科学突破之一。

这本书讲述的就是关于地球历史的科学和相关科学家背后的故事。

探索之旅

整个 16 世纪，一拨接一拨的葡萄牙和西班牙航海家在海图上绘制出了一个不为人知的世界。这场盛大的探索之旅向世人展示了地球真实的一面：海洋的面积大于陆地，各地有明显的气候带和风带，地磁场是存在的。

返航归来后，欧洲的地图绘制师利用这些航行路线图，为世人构建出更为复杂且准确的世界图景。著名的佛兰芒地理学家亚伯拉罕·奥特柳斯（Abraham Ortelius）发现大西洋两端的两块陆地的外缘像两块可以拼合在一起的拼图碎片。他曾在 1596 年出版的《地理百科》（*Thesaurus Geographicus*）一书中写道：西欧与非洲陆地凸起的地方似乎刚好与美洲大陆的凹进去的地方吻合；巴西东部凸出部位似乎恰好和西非的海湾紧密贴合；西撒哈拉沙漠凸出的那一大块刚好填补了北美洲东海岸凹进去的地方；加拿大的新斯科舍加上纽芬兰正好填补了比斯开湾和英吉利海峡的空缺。

到了 19 世纪，文质彬彬的科学家和聪慧博学的牧师纷纷对地球神秘自然现象的起源产生了兴趣，这对他们来说是闲暇时极好的谈资。那时候的科学理论往往是改头换面的圣经思想，人们常常用神的行为来对自然加以解释。苏格兰人托马斯·迪克（Thomas Dick）既是一名牧师，也是一位哲学家。1838 年，他写道："与大西洋两岸相匹配的大洲起先是连在一起的，特定的物理变化或灾变产生了某种巨大的力量，这种力量将它们撕裂，当海水涌入并将其分割开时，便成了我们现在看到的形态。"

右图 亚伯拉罕·奥特柳斯和以他的观点为根据拼合起来的大陆地球仪。

至高荣耀

1912 年 3 月，罗伯特·法尔肯·斯科特（Robert Falcon Scott）和其团队结束了南极的探险之旅后正在返程途中。他们此次探险的目标是夺得第一个到达南极点的荣誉。然而，本次探险之旅可以说是噩梦连连。他们得了冻疮，患上雪盲，营养不良，每个人还要背 16 千克重的岩石样本前行。即便如此，他们还是坚持继续对南极纵贯山脉进行考察。最终，探险队消失在返回的途中，这场探险让他们付出了生命的代价。直到 8 个月后，人们才找到他们冻僵的遗体，并发现了斯科特搜集的岩石标本。显然，他生前非常清楚这些标本是非常珍贵的东西。

斯科特出行前曾答应过年轻的古植物学家玛丽·斯托普斯（Marie Stopes）沿途采集一些岩石标本的请求。斯托普斯晚年致力于女权运动和计划生育，但在 20 世纪初期，斯托普斯还是一名研究石炭纪时期（距今约 3 亿年）的蕨类植物和种子植物的专家。她确信在南极洲能够找到这样的化石，便请求斯科特带她参与探险之旅。斯科特虽然没有同意，但答应给她带回一些岩石样本。

斯科特搜集的岩石样本后来被运回英国，经过一番分析发现，里面充满了已经变成化石的植物残骸。岩石中包含的树叶很多都来自一种叫作舌羊齿的蕨类植物。这表明，在石炭纪时期，这处冰冻荒原上随处可见温带森林。照理说这些树的孢子不能远距离传播，但是人们却在从印度到整个南半球的石炭纪地层也发现了舌羊齿化石。这足可以证明，地球上所有的大陆板块曾经都是一个整体，包括今天的南极洲。斯科特采集的岩石标本帮我们确定了这片神奇大陆最南端的位置。

地球的面貌

早在 19 世纪中期，维也纳地质学家爱德华·修斯（Eduard Suess）就发现有一片海洋隐藏在雄伟壮观的奥地利阿尔卑斯山脉之中。他发现在阿尔卑斯山脉中厚厚的古代沉积物与积聚在现代海底的沉积物十分相似，于是猜想，和大西洋体量相当的远古海相盆地曾占据着欧洲的中心。修斯以希腊神话中海神俄亥阿诺斯的妹妹的名字为他的发现命名，将其称为"特提斯洋"（Tethys）。修斯认为，阿尔卑斯山脉蜿蜒曲折的山峰走向正是受到南方一块大陆缓慢向北移动的影响，特提斯洋渐渐地收缩就是佐证。

1904 年，修斯出版了《地球的面貌》（The Face of the Earth）一书，这是一部历经 20 多年编纂才出版的不朽名著。在此书中，他以严谨的论证重新构建了南美洲、非洲、印度、澳大利亚等南方大陆的地质结构。南方大陆的中心地带位于印度中北部的冈瓦纳，于是这片大陆被称作冈瓦纳古陆。石炭纪时期，这里的蕨类植物郁郁葱葱，极为繁茂。与冈瓦纳古陆相对而立的是位于特提斯洋北岸的安加拉古陆。特提斯洋受到碰撞挤压后逐渐消失，这两个超级大陆合为一体，成了今日的欧洲和亚洲。

作为当时顶尖的地质学家，爱德华·修斯把地球比作一颗逐渐脱水的苹果，用以解释特提斯洋的消亡。随着地球内部的热量逐渐散失，其岩石表面会收缩并出现褶皱，山地隆起，海相盆地下沉。另一方面，现在的海洋就是凹陷的远古大陆。在特提斯洋消亡学说中，连接冈瓦纳古陆的陆桥接二连三地沉没，从而形成了大西洋和印度洋，只剩下南方的大陆留在原地。各个大陆都处于不断运动中，不过他说的运动主要是指抬升或下降运动。

漂流之人

阿尔弗雷德·魏格纳（Alfred Wegener）的专业并不是地质学。他曾创下热气球比赛世界纪录，大学所学专业是天文学，工作领域却是大气物理学。这位德国气象学家不顾危险，一生致力于在北极地区进行科学考察。在格陵兰岛漂浮的冰盖上生活了几个月后，魏格纳已经做好了准备向"地球表面是固定不变的"这一观念发出挑战。

1912 年，他将修斯提出的伟大理论与当时最前沿的地理学说相结合，提出了震惊一时的观点：大陆会如同冰川那样漂移。接下来的十几年，魏格纳通过连续分布的化石和地层，证明大陆原本是相连的，另外当今并无冰雪覆盖的地区也存在着冰川的沉积物。1924年，他的著作《海陆的起源》（ *The Origin of Continents and Oceans* ）英文版出版。他认为，3 亿年前所有的大陆都是连为一体的，它们组成了一个巨大的古陆：泛大陆（意为"整个陆地"）。

然而在英国和美国，魏格纳的"大陆漂移说"并未被接受。根据他的理论，格陵兰正在以每年几十米的速度漂移。这一说法遭到了当时顶尖科学家的嘲笑。有什么力量能够推动格陵兰以这样的速度行进呢？对地质学家来说，问题不在于所谓的推动力，甚至不关乎证据，惹恼他们的关键在于，一位不切实际的德国物理学家莽撞地闯入了地质学家的专业领域。大多数地质学家信奉地球收缩理论，所以认为魏格纳的观点太过荒诞不经，无法接受。他们抱怨说，倘若地球漂移说千真万确，那么地质学就要历经一场革命风暴了。魏格纳的"大陆漂移说"遭到了科学领域既得利益者的驳斥。后来他回到了格陵兰岛，并于 1930 年 11 月在这片冰盖上去世。直到生命的最后一刻，他都在搜寻大陆漂移的论据。

犬颌兽

Lysostratus
（暂无中文译名）

非洲

印度

南美洲

南极洲

澳大利亚

中龙

舌羊齿

对流研究者

魏格纳及其"大陆漂移说"成为历史，逐渐被人们遗忘，而在大西洋的另一端，有人发现了可行的大陆漂移驱动机制。19 世纪末天然放射性物质的发现表明我们这个星球除了太阳外，还有别的热量来源。地球并不是一直在冷却收缩，它的内部储藏着放射性燃料，随着元素衰变释放出热能。

20 世纪的前十几年里，英国地质学家阿瑟·霍尔姆斯（Arthur Holmes）认为，放射性原子会释放出能量粒子，这个过程就像钟表一样精确。他运用这一新知识构建起了地球的地质年代表。到了 20 世纪 20 年代末期，霍尔姆斯逐渐意识到，放射性衰变产生的热量也可以为地球内部的强大引擎提供动力。

霍尔姆斯在 1928 年格拉斯哥地质学会研讨会上提出了"地幔对流"学说。1931 年，魏格纳去世不过数月，包含"地幔对流说"的书付梓上市。有趣的是，霍尔姆斯提出的热力引擎学说很大程度上借鉴了气象学家的大气湍流运动理论。地球地幔层（地壳和地核之间的部分）的热岩的运动就像是热对流驱动下的季风洋流那样的"行星环流"，只是每年只能移动几厘米罢了。

阿瑟·霍尔姆斯后来成了英国最具影响力的地质学家之一。1944 年他出版的教科书《物理地质学原理》（*The Principles of Physical Geology*）写于他二战时担任火情检查员（二战时英国被轰炸期间负责检查碎弹坠落时有无引起火灾的专职人员）的漫长岁月，该书对后世的地质学家产生了深远的影响。

书后的一张示意图描绘了地幔对流的具体流程，术语使用也十分严谨。尽管霍尔姆斯可能已经认同了魏格纳的大陆漂移说，但是赞同这个学说的人仍是少之又少。

由陆地转向海洋

尽管地球板块移动的潜在驱动机制已经确定，但大多数地质学家仍然认为大陆不会移动，各板块只是由于大陆桥下沉而发生了分裂。他们会这么想也情有可原，毕竟当时的技术还不足以探索海底，地质学家们仍对海底的状况一无所知，故才如此固执己见。

霍尔姆斯提出"地幔对流说"的半个世纪以前，即1872年，英国皇家海军舰艇"挑战者号"进行了世界上第一次环球海洋科学考察。考察的目的之一是建立第一个深海海底电缆网，结果通过声波探测技术发现大西洋中央存在一条巨大的隆起。这个隆起不是东西方向的大陆桥，而是一条南北向的水下山脉。该山脉由北冰洋延伸至南极洲，这就是大西洋中脊。

到了20世纪30年代，海军开始使用潜艇，这同时开创了科学探索的新时代。第二次世界大战爆发前的那几年，潜艇远征探险为人们揭示了海底奇妙的一面。通过海洋重力测量，人们发现海底布满了玄武岩，其密度比大陆上更多见的花岗岩大得多。但是，对海底的探索并没有发现那时的地质学家们相信的大陆桥下沉理论的证据。

战争起到了科学探索助推器的作用。潜艇不只是一种勘探工具，还是致命的杀伤性武器。德国U型潜艇的袭击给盟军造成了严重的损失，盟军也由此意识到，海洋科学的发展能够带来军事方面的优势。

这样，一批地理物理学家被编入盟国海军研究小组。之后，声呐被运用到海洋科学领域，用来扫描探测海底。海洋磁力研究也被用于探测潜艇。战争结束后，那些长期研究磁力扫雷和充磁舰艇的科学家重返学术殿堂，之后便沉迷于对地球磁场研究中。

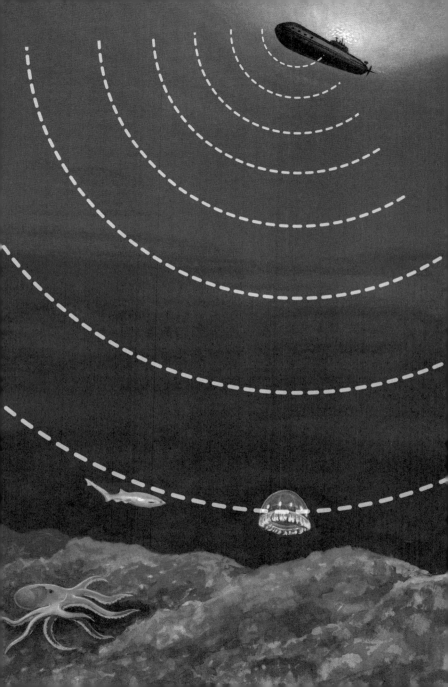

行星力场

　　早在 1600 年，人类便知悉我们的星球就是一个巨大的磁铁。但直到 19 世纪末，人类才发现地球磁场和地球自转息息相关。原来，地球自转会导致地球外核中的液态铁产生运动。电流伴随着这种运动产生，又使地球内部产生了磁场。而我们就生活在这个自给自足的"发电机"上。

　　地球的磁力看起来十分强大，但事实上玩具马蹄磁铁两极产生的磁场比它强几百倍。用来测量这些微弱地磁信号的仪器必须非常灵敏，即使是一块正常工作的手表都会干扰它们。然而，地球的地磁中心给地球构建了一个保护伞。肉眼无法捕捉到的磁力线从南极呈扇形往外散开，在北极聚合，如同被放大的经线一般向外弯曲。这些磁力线会拦截太阳释放出的高能粒子，迫使其转向两极，释放出光子，两极天空中的极光就是这样形成的。

　　因为地球的磁力线由南向北放射，所以指北针（俗称指南针）的磁针也是指向北的。磁力场的分布意味着，指北针的指针在赤道附近时会变得水平，但随着纬度变高，其倾斜度会变大，而到了两极，就会直立起来。正如指北针曾经为过去的航海家指明航向，下面我们将会看到隐藏在岩石中的天然磁针也为 20 世纪的地球研究者指明了方向。

研究古地层的魔法师

当岩浆冷却凝固，或沉积物沉降时，磁铁矿等富含铁元素的矿物质的内部磁力会与磁极方向保持一致。现在新形成的岩石所含的矿物质都会指向北，但过去形成的岩石不见得如此，因为地球磁场已经发生了数百次的颠倒，南北指向也会发生变化。未来什么时候会发生翻转，又是什么推动了它的翻转我们不得而知，但在岩石中，矿物"指北针"留下了磁场翻转的记录。

古地磁结构不仅能揭示岩石形成时磁极指示方向，而且还能揭示其原本所处的纬度位置。和前文所述的指北针指针一样，赤道附近形成的岩石里的磁矿物质呈水平状分布，而在高纬度的岩石则高度倾斜。研究古地磁的专家从这些古老岩石的"指北针"中发现，岩石的来源地与其当下所处的地区往往大相径庭。1954年发表的一项研究表明，在英格兰发现的2亿年前的岩石来源于赤道附近。要么是岩石（及其周围的大陆）发生了移动，要么是整个地球磁场发生极移。

数年来，人们对此争论不休，并持续进行更深入的测量。终于到了20世纪50年代末，科学家们达成了一致：2亿多年前，欧洲与北美在同一条古地磁线上，之后这两块大陆开始分道扬镳。两者的分离恰好和大西洋的开辟相呼应。陆地之间存在相对运动的理论第一次有了科学依据的支撑。研究古地层的魔法师用其神奇的魔法使大陆漂移说重获新生。

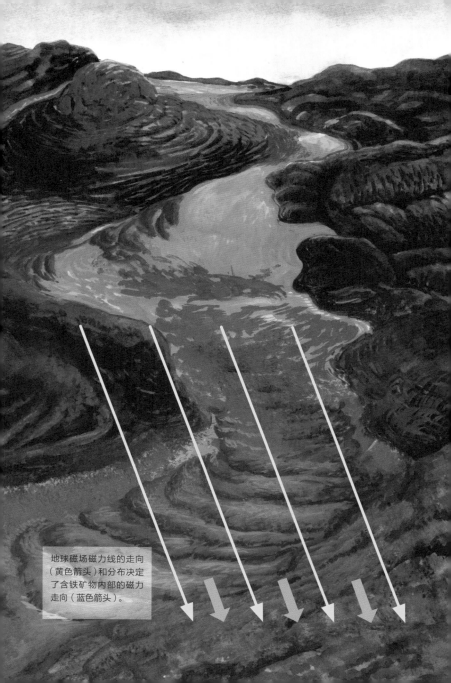

地球磁场磁力线的走向
（黄色箭头）和分布决定
了含铁矿物内部的磁力
走向（蓝色箭头）。

南半球的漂移说者

事实上，大陆漂移说从未完全消失，只是其拥护者的目光转向了南方。

毕竟，南半球的地质证据能更显著地支持大陆曾经能拼合这一设想。因此，尽管北美洲和欧洲大部分地质学家认为已经成功扼杀了魏格纳的荒诞之说，但在 20 世纪 30 年代至 40 年代，他的学说一直活跃在遥远的南非和澳大利亚。随着澳大利亚和新西兰的地质学家越来越细致地描绘出大陆地图，更多大陆运动的证据开始显现。

新西兰地质学家哈罗德·威尔曼（Harold Wellman）在 20 世纪 40 年代初，沿着南岛南阿尔卑斯山脉的山峦线，绘制出一条破碎的断裂线。1948 年，威尔曼发现在阿尔卑斯山断层两侧原本处于对应位置的岩石侧移了 500 千米。同时，新西兰的地质学家伯特·昆内尔（Bert Quennell）发现了跨越约旦、以色列、叙利亚的死海断层附近长达 107 千米的水平位移。究竟是什么力量能够驱动如此巨大的地质位移呢？

那些支持漂移说的南半球地质学家与北半球顽固派相隔绝，并未受到他们的影响，终于建立起自己的驱动机制理论。其中最为激进的思想来自塔斯马尼亚一位地质学家沃伦·凯里（Warren Carey）。1956 年，他提出地球会逐渐膨胀，变得越来越大，而在这样的地球上，相对而言，各大洋都只能算是新生事物。凯里构建的"地球膨胀论"认为在地球膨胀的过程中，地层会发生断裂，出现裂口，最后形成地球表面。陆地上可见的东非大裂谷和红海都是这类断裂的痕迹。不仅如此，如果地球膨胀论是真的，海底应该也能找到类似的断裂。

　　右图　伯特·昆内尔在绘制死海的断层图时的情景。

绘制深海地图

20世纪50年代初，美苏冷战期间，有两位美国地质学家供职于纽约附近的拉蒙特地质观象台。在军方以及铺设海底通信电缆的公司的资助下，他们开始系统绘制大西洋海床图的工作。

布鲁斯·希森（Bruce Heezen）是一位卓越的海床数据收集家，他从数不胜数的海洋巡航资料中整理出大量数据。玛丽·撒普（Marie Tharp）堪称"人形计算机"，她将原始的水深探测数据转化为图表、分布图和地图等。他们两人领导的团队在大西洋还未经过水深测量的水域进行勘测工作。到了20世纪50年代中期，团队收集到了整个大西洋区域的相关重要数据，但是他们面临一个问题，那就是各种深海地图是保密资料，他们的研究不能发表。不过撒普想到了一个巧妙的办法，她假设海水完全干涸，像绘制陆地地图那样绘制出了大西洋海床的面貌，从而绕过了保密要求的限制。

1957年，希森和撒普天才般地首创大西洋海底"自然地理学"地形表现艺术（后来又制作了其他大洋的海床图）。大西洋中心有个庞大的洋中脊，上面的断裂线纵横交错，狭窄的V字形裂缝沿着山脊蜿蜒分布。据希森和撒普推测，这个中轴裂谷区可能一直延伸至其他海盆。在接下来的几年，拉蒙特地质观象台的海洋学家证实了这个推测。20世纪50年代末，海洋学家绘制出了一条长约37 000英里（约60 000千米）的海下裂缝，而在这之前人们对其一无所知。该裂缝被认为是地球上最重要的地质结构。这些裂缝就像棒球上缝制的针脚，对希森来说，这完美地解释了地球是如何膨胀的。

海底扩张的地质诗篇

第二次世界大战期间，普林斯顿大学的地质学家哈里·赫斯（Harry Hess）在太平洋担任了一艘武装运输舰的舰长，舰上配备了一台功能强大的回声探测仪。在他的命令下，无论是否作战，回声探测仪都不曾关闭。赫斯的海底勘察工作一直持续到20世纪50年代，最终绘制出一幅与大西洋截然不同的海床地图，图上平顶的海底山峰在海床上拔地而起，其边缘与深处海沟相连。

几十年前，人们就已得知海底山和海沟的存在，但直到1960年，赫斯才将海底山和海沟与洋中脊联系起来，归入一个简单、统一的体系中。阿瑟·霍尔姆斯提出，地幔处于不断上升的过程，会在洋中脊上形成新的海床。在漫长的山脊的两侧，洋底滚烫的、漂浮的玄武岩地壳像传送带一样朝两个方向运动。岩浆逐渐冷却下沉后，火山山峰就变成了海底山。海底传送带到达深处的海沟时，地幔对流裹挟着古老、冷却而致密的海洋地壳向下移动，再重新流入地幔。

按照赫斯的理论，地球上的海床时刻都处于变化的过程中，新的海床不断地在洋中脊上形成，之后又消失在海沟中。相反，大陆——更轻，状态更稳定——之所以发生移动，是因为它们搭乘了海底缓慢行进的传送带的"顺风车"。1961年，罗伯特·迪茨（Robert Dietz）提出了一个相似的理论，并将其命名为"海底扩张理论"。该理论不仅为大陆漂移说提供了驱动力，而且更新了人们对于地球的认知，即地球并非在膨胀。地球的体积并没有扩大，只是海床不断地循环产生，而地球的周长保持不变。

命运逆转

1962 年 1 月，哈里·赫斯在剑桥大学就"海床的非永久性"发表演讲。由于当时仍有许多地理学家不认可大陆漂移说，赫斯便随意地把自己的观点称作"地理诗篇中的一章"，毕竟当时没有确凿的证据支持海底传送带的说法。但观众席上一名即将毕业的学生被赫斯的这一观点深深地吸引了，他决心改变人们的看法。

他名叫弗雷德·维恩（Fred Vine），从那以后他开始了对海底磁场的研究。20 世纪 50 年代中期，在北美太平洋沿岸进行的海底调查显示，一连串呈"斑马纹状"的高磁与低磁带，由南向北纵向分布。后来维恩的导师德拉蒙德·马修斯（Drummond Matthews）在印度洋的洋中脊上发现了类似的磁条带。根据这两条磁条带，师生二人把海底扩张和磁极逆转（地磁反向）理论结合起来。他们提出，每当地球磁场发生翻转，洋中脊喷发出的岩浆都会呈现与上一个磁场相反的磁极。结果就是正常磁极与逆转磁极相间、对称地分布在大洋中脊两侧。

他们当时还不知道，多伦多大学的地球物理学家劳伦斯·莫利（Lawrence Morley）刚刚投了一篇论文给《自然》杂志，提出了类似的观点，但是审稿人认为主观臆测内容过多，拒绝刊登。几个月后，维恩和马修斯再向《自然》杂志投稿时，幸运之神眷顾了他们。"维恩与马修斯假说"于 1963 年 9 月正式发表，他们提出的磁条带为赫斯的海底扩张理论提供了依据。在人们知道了这背后的逸事之后，就把莫利的名字也加了进来，称之为"维恩、马修斯和莫利假说"。

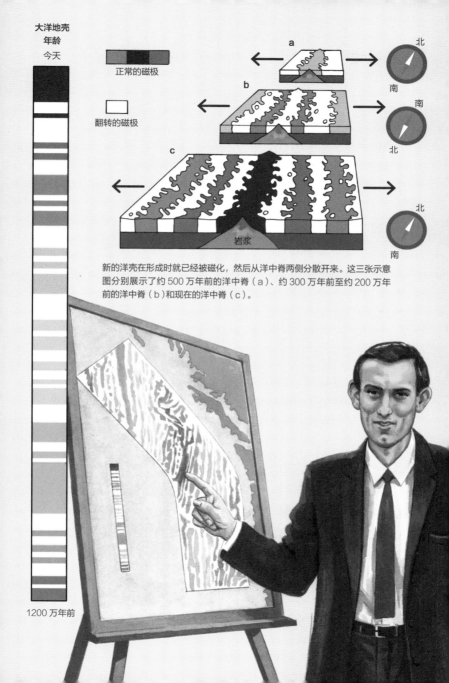

大洋地壳年龄

今天

正常的磁极

翻转的磁极

a

b

c

岩浆

北

南

南

北

北

南

新的洋壳在形成时就已经被磁化，然后从洋中脊两侧分散开来。这三张示意图分别展示了约 500 万年前的洋中脊（a）、约 300 万年前至约 200 万年前的洋中脊（b）和现在的洋中脊（c）。

1200 万年前

初探新世界

只有测定海底玄武岩岩心的年份，才能通过其"磁性条形码"来追踪海底扩张的走势。然而，要测定玄武岩的年龄，需要在数千米深的水下钻透厚厚的海底淤泥层。于是有人曾提出了莫霍计划（Project Mohole），旨在钻取一个深孔，贯穿海洋地壳至地幔。该计划耗资巨大，但在1961年，玄武岩层钻探工作仅进行了13米就失败了。著名作家约翰·斯坦贝克（John Steinbeck）曾在钻探船上写过一篇报道，称此计划为"英勇的失败"——相当于"哥伦布首次失败的探索之旅"。他还预测，"此次初探打开了通往新世界的大门"。

斯坦贝克说的话没错，命运多舛的莫霍计划激励了地球科学界。之后的几年里，美国开始筹备深海钻探计划（Deep-Sea Drilling Project），由斯克里普斯海洋研究所（Scripps Institute of Oceanography）负责，采取多处浅层钻孔的策略，希望在人力物力允许的情况下得到尽可能多的成果，而非达成过于远大的目标。为此美国设计建造了一艘专业钻探船，相当于新版"挑战者号"。（正是前文提到的世界第一艘全球海洋科考船，它于19世纪投入使用，帮助人们获得了很多科学发现，因而名留青史。）

1968年，"格洛玛·挑战者号"驶入南大西洋海域，执行首次任务，探测海底扩张活动。科学家发现，世界上许多洋中脊都有磁条逆转带。虽然科考船上的许多科学家对此仍然存在怀疑，但两个月后，随着更多证据的出现，他们都改变了自己的观点，变成了坚定的支持者。探测发现，横跨洋中脊九个浅钻孔的年龄，与拉蒙特地质观象台的海洋学家——吉姆·海茨勒（Jim Heirtzler）推测的时间表完全相符。现在海洋拥有了一个可识别年龄的磁条码，可以重现其磁性记录的历史。

石头、剪刀、布

地球上的大部分地质活动都集中在断层带。断层大体上可以分成三类：正断层形成了那些大洋底和大陆表面的裂谷；逆断层则使得岩块受到挤压，堆积形成山脉；走滑断层（平移断层）是指地块做相对的水平滑动。一代又一代的地质学家求学时学到的都是这三类基本断层。到了 1965 年，多伦多大学的地质学家图佐·威尔逊（Tuzo Wilson）发现了第四类断层——"转换断层"。

威尔逊对洋中脊的横向断裂带很感兴趣。人们过去一直以为这些断裂带是巨型的走滑断层使原本连续的中脊链断开的结果。但威尔逊突然灵光一现，认为它们也有可能起到了连接洋中脊链的作用。当相邻却偏移的两个洋中脊段错断时，中间的海床被迫向相反方向移动，会因此产生一个新的断层。但是，洋中脊在海底绵延千里，却只有洋中脊之间的新形成的断层部分会发生移动，形成一条连接两端的"铰链"。这想法非常简单，威尔逊喜欢在折纸上剪几个切口，来演示其中原理［即"石头、剪刀、布（纸）"］。

根据图佐·威尔逊所提出的转换断层概念，洋中脊的运动特征符合简单的几何定律。同时，转换断层的存在也有力地证明了海底扩张的运动原理。但理论还需实际检验，拉蒙特地质观象台的地震学家们接受了此挑战，他们的工作是对南太平洋的洋中脊系统进行监测。1967 年，经证实，洋中脊转换断层的运动方向与威尔逊折纸模型所显示的完全一致。不仅如此，我们接下来还会继续谈到，这些科学家对太平洋中地震的监测给人们带来了更为巨大的冲击。

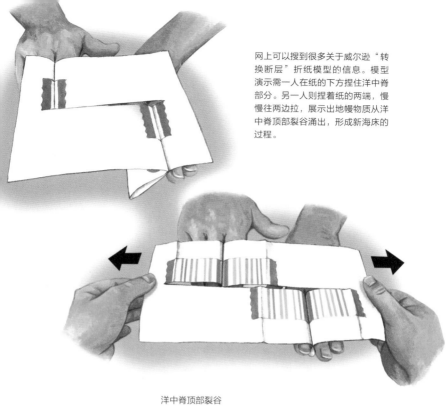

网上可以搜到很多关于威尔逊"转换断层"折纸模型的信息。模型演示需一人在纸的下方捏住洋中脊部分。另一人则捏着纸的两端，慢慢往两边拉，展示出地幔物质从洋中脊顶部裂谷涌出，形成新海床的过程。

洋中脊顶部裂谷

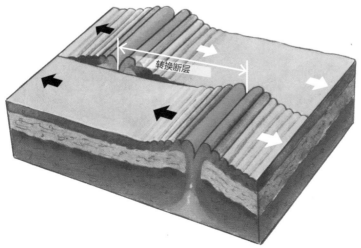

转换断层

新的全球化的冲击

1958 年，美国和苏联进行了禁止核试验的谈判，双方面临着一个棘手的技术问题，即如何监管核试验。地面爆炸很容易核查，但要监测地下爆炸，则需建立全球监测系统。就这样地震学这门新兴学科突然被推上了国际外交的舞台。1961 年，美国政府开始资助建立世界标准地震台网（WWSSN），并耗资数百万美元在全球范围内安装了最先进的地震监测设备。

20 世纪 60 年代中期，南太平洋汤加-斐济地区的地震台网一直由拉蒙特地质观象台的地震学家林恩·赛克斯（Lynn Sykes）、布莱恩·伊萨克斯（Bryan Isacks）和杰克·奥利弗（Jack Oliver）负责。地震台网得到的数据证实了附近的洋中脊存在"转换断层"，但该台网也记录了附近海沟下方 450 英里（约 720 千米）处发生的剧烈震动。那时地质学家对深源地震的"俯冲带"已有所了解，拉蒙特研究小组根据观测结果进一步假设了其中的原理：有一块厚而坚硬的太平洋板块受到挤压，俯冲至另一块大陆地壳板块之下，随后进入地幔，熔融并消亡，而这就是"俯冲带"。

三人为这一发现兴奋不已。他们还根据世界标准地震台网头几年获得的数据，揭示了全球地震的总况，其中包括各深层地震的震源。1968 年，他们发表了一篇论文，不仅展示了首个由计算机绘制的世界地震活动图，还包含简单的地球运动图，如今几乎所有地球科学教科书都会收入这两幅图。他们的文章题为"地震学与新全球构造学"，标志着地球科学即将迎来一场新的革命。

旋转的板块

随着大量海洋观测数据的涌现，在处理这些数据时，计算机显得尤为重要，很多理论在计算机的辅助下绽放出新的价值。瑞士数学家莱昂哈德·欧拉（Leonhard Euler）于 1776 年提出了一个极其重要的定理，即球体上物体的运动是定轴旋转运动。百年后剑桥大学的地球物理学家爱德华·布拉德（Edward Bullard）及其同事将该定理与计算机建模相结合进行研究，计算出了美洲、非洲和欧洲相对海岸线的"最佳拟合度"。他们于 1965 年发布的研究结果证实了数百年来关于地球拼图的说法是合理的。

布拉德的研究生丹·麦肯齐（Dan McKenzie）则意识到，新全球构造学中的地壳运动恰恰符合欧拉的刚体运动定律。而普林斯顿大学一位名叫贾森·摩根（Jason Morgan）的年轻地球物理学家与他不谋而合，但还是麦肯齐领先一步。麦肯齐与斯克里普斯海洋研究所的罗伯特·帕克（Robert Parker）共同合作，将欧拉定理与计算机结合起来，巧妙地解释了太平洋的地壳运动问题。1967 年的最后一周，他们在《自然》杂志发表了文章，比摩根提出的全球板块综合模型早了几个月。

不过，拉蒙特地质观象台年轻的法国研究生格扎维埃·勒比雄（Xavier Le Pichon）在摩根的研究基础上，总结了世界"板块"地图的所有相关数据，并利用古地磁数据计算出了各板块的运动速度。1968 年，勒比雄发表了论文《海底扩张与大陆漂移学说》，但显然，他提出的新的统一理论需要另取一个新名字。麦肯齐和帕克曾提议使用"铺路石构造学说"。万幸的是，该理论后来被称为"板块构造学说"。

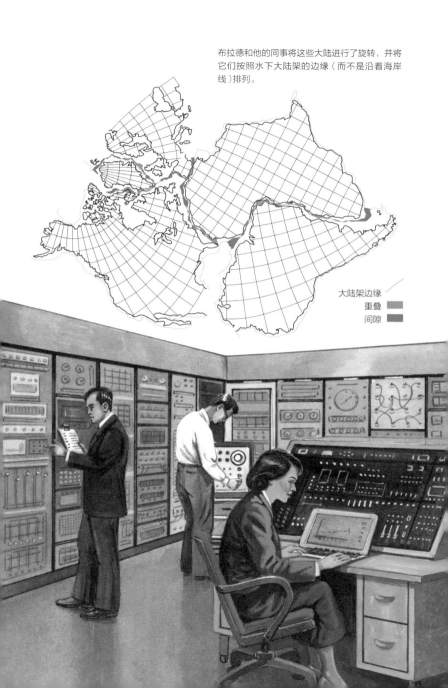

布拉德和他的同事将这些大陆进行了旋转，并将它们按照水下大陆架的边缘（而不是沿着海岸线）排列。

大陆架边缘

重叠

间隙

地质学革命

诺贝尔奖并未设立地质学奖项，但日本有一奖项的地位相当于"地质学诺贝尔奖"，摩根、麦肯齐及勒比雄后因"开创了板块构造理论"而获得该奖。正是由于他们认识到板块的刚性，才能用简单、巧妙的数学术语精准解释地表运动问题。

究竟是谁创造了"板块构造学说"这一术语，我们无从得知，但有一点可以肯定，到1969年，构成"板块构造学说"的关键要素已基本具备。也就在那几年，披头士乐队经历了从诞生到走红，再到解散的过程，与此同时一场文化革命也悄然席卷了地球自然科学界。曾经坚定的大陆"固定论"者几乎一夜之间转变成了虔诚的"漂移论"者。积极的倡导者大都来自几个研究机构中的年轻力量。这是一场由剑桥大学、多伦多大学、普林斯顿大学、圣迭戈斯克里普斯海洋研究所以及纽约附近的拉蒙特地质观象台发起的构造学的革命。

但是，如果要使这个初生的地球物理学理论免于和魏格纳"大陆漂移说"一样的命运，仍有很多问题亟须解决。比如，这时仍没有一个明确的、令人信服的理论解释推动板块运动的驱动力；更不可思议的是，对于地球表面是不是真的是运动的，都还没有一个直接、可测量的证据。但在随后的几十年里，这两个问题会最终得到解决。不过还有一个更严重的问题，那就是这个关于地球研究的最新理论，是来源于地球物理学家对海洋的研究，几乎没有与大陆相关的资料的支持，也根本没有研究大陆的地质学家的参与。为了使这场构造学革命能站稳脚跟，板块构造理论不得不把目光转向陆地。

大陆板块拼图

地球海底地壳的历史不到 2 亿年，但大陆却像一幅令人捉摸不透的马赛克图像那样由数亿至数十亿年前的洋壳碎片拼合而成。陆地地质学家认为，古老而混乱的大陆之间没有明确的边界，而且也根本找不到地球物理学家声称的"连接的板块"，因而对板块构造学说持怀疑和反对态度。

来自加拿大的地质学家图佐·威尔逊最终解开了大陆之谜。他发现在北大西洋海岸附近，两个截然不同的地区却出现了相同的古代浅海生物化石。其中一个地区从英格兰、威尔士延伸至整个欧洲大陆，再加上北美东海岸，而另一个地区则横跨格陵兰岛、苏格兰及挪威海岸。另一方面，早在 1966 年，威尔逊就曾提出，这两个地区原本是一块大陆，后被大西洋出现前的原始海洋之一的伊阿珀托斯洋（Iapetus）分隔开。基于以上证据和猜想，威尔逊总出这样一个全球地质构造的循环过程：海洋四周的陆地逐渐靠近、闭合，海洋萎缩；连接处两侧大陆发生碰撞构造出新陆地；之后陆地又会开裂，逐渐形成新的海洋，海洋扩张一段时期后四周陆地又再次闭合，以此循环往复。

20 世纪 70 年代起，地质学家们慢慢找到了地表板块构造运动的痕迹。他们在许多山脉的中心地带发现了古洋壳碎片的残余——蛇绿岩，这种消逝已久的海洋遗迹非常能说明问题。地质学专家逐渐认识到，"威尔逊循环"确实能有效解释大陆复杂的形成过程。经过近一个世纪的争论，他们也终于弄清了山脉的起源，它们是由板块碰撞隆起形成的。

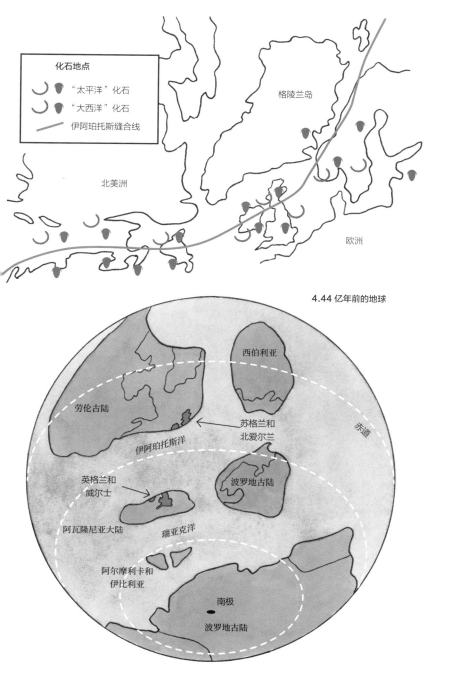

化石地点

"太平洋"化石

"大西洋"化石

伊阿珀托斯缝合线

格陵兰岛

北美洲

欧洲

4.44 亿年前的地球

西伯利亚

劳伦古陆

伊阿珀托斯洋

苏格兰和
北爱尔兰

赤道

英格兰和
威尔士

波罗地古陆

阿瓦隆尼亚大陆

瑞亚克洋

阿尔摩利卡和
伊比利亚

南极

波罗地古陆

地质学界的灰姑娘

半个世纪间，板块构造学说从大陆漂移说的余烬中绽放了新生。一位科学史家将其描述为"灰姑娘的华丽变身"："大陆漂移说的发展就像是童话里的灰姑娘的故事，她多年来一直受虚荣拜金的继姐妹的虐待折磨，在地球物理学仙女和地磁魔杖的帮助下，她去了舞会，最终与王子结婚。"

地质学革命发生后的 50 年内都未再发生如此巨大的变化。虽然人们对板块构造学说做过一些调整和修补，但它的主体框架无疑是可靠的。板块运动是地球散发放射性热量的最有效方式，不仅涉及外层地壳运动，也包括上地幔坚硬部分的运动，它们共同作用形成了地球断裂的岩石圈。七个"大"板块及剩下分散各地的"小"板块时刻处于运动状态。板块以每年几厘米的速度移动着，和我们指甲的生长速度差不多。但在漫长的地质岁月中，它们在更软、炽热的地幔上面已经移动了数千千米。

以现代的观点来看，构造板块在"离散"板块边界处的崩裂，与其说是受地幔对流的作用，不如说是受到了"会聚"板块边界俯冲力的驱动（如环太平洋的板块边界）。洋壳和陆壳边缘交会处的俯冲作用形成了如南美洲的安第斯山脉这样的火山链和山脉。板块逐渐靠拢最终会导致大陆与大陆的正面碰撞，形成像阿尔卑斯-喜马拉雅山脉这样的巨大山系。在一些相对稳定的边界，板块与板块之间相互错动，形成断层，例如地球上著名的圣安德烈亚斯断层。

会聚板块边界

致命诱惑

1895 年，苏格兰地质学家安德鲁·劳森（Andrew Lawson）发现了圣安德烈亚斯断层，但直到 1906 年发生在旧金山的一场毁灭性的地震后，人们才认识到它的真面目。劳森负责调查尖桩栅栏和道路断层水平移动数米的原因，哈里·里德（Harry Reid）据此提出了"弹性回跳说"，该理论证实了地震是断层断裂错动的结果。但为何会出现断层呢？

1970 年，斯克里普斯海洋研究所的地质学家坦亚·阿特沃特（Tanya Atwater）指出，3000 万年前，板块沿着圣安德烈亚斯转换断层移动时，聚集起来的地壳碎片形成了加利福尼亚。如今，几百万人居住在震源附近，但总的来说，加州为人们带来的财富抵消了地震带来的风险。加州沿海年轻的丘陵地带有着丰富的石油资源，中央谷地水源充足，使得这里的石油工业、农业、葡萄酒产业和旅游业都很发达。而这些行业每年都为该州带来成百上千亿美元的收入，远远超过灾难性地震所造成的经济损失。当然，生命的损失是无法以金钱衡量的。

在世界各地，断层带上葱郁的植被和肥沃的土壤自古以来就为人类提供适宜居住的环境。然而，20 世纪以来，随着人口增长和经济繁荣发展，这种战略优势已然变成了一种致命诱惑。长期以来，在活跃断层带周围发展起来的村庄和城镇已经壮大为繁荣的大城市。许多世界上规模庞大的城市都建于板块边缘地带，虽然近几个世纪以来，很少发生像 1906 年那样直接袭击高密度人口中心的大地震，但人类的好运不可能一直持续下去。

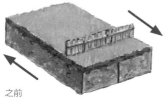

之前

应力聚积

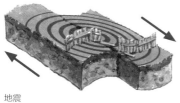

地震

之后

地幔柱说及其问题

1971 年，普林斯顿大学的地质学家贾森·摩根意识到，夏威夷群岛可能是地球板块运动最直接的表现形式。这个群岛绵延 2000 多千米，形成了一条从南到北、由古老到年轻的岛链。摩根认为夏威夷群岛是太平洋板块的"热点"的标记，那里有一根炽热岩石柱从地幔深处升起。夏威夷地幔柱以玄武岩熔岩的形式从较薄的大洋板块中涌出，形成了地球上最大的火山体：盾状火山。

地幔柱也可能是其他火山岛形成的基础，如印度洋的留尼旺岛，以及冰岛。目前我们仍不清楚这种源于地核深处的热物质上升流——就像巨型熔岩灯中徐徐上升的蜡质——是如何在穿过地幔对流时保持稳定不变的。不过有一点很清楚，赫斯曾提出的地幔对流是洋中脊扩张的驱动力的观点是错误的。相反，海洋地壳的扩张降低了地幔热物质的压力，熔融温度也随之下降，并将这些物质转化为熔融玄武岩，然后喷发出来。

同样，人们普遍认为下沉板块熔化后形成了俯冲带的火山，这种想法显然把问题简单化了。事实上，板块中含有的水分反而降低了地幔的温度，使地幔中的物质只是部分熔融。当岩浆流至上层板块，由于熔体中含有大量的地壳杂质，因此熔融体变得越来越黏稠，从而减缓了它的移动速度。要么深层"冷却"至如花岗岩般坚硬，要么冲破地表，以内部充满气体的黏性熔岩的状态喷发出来。

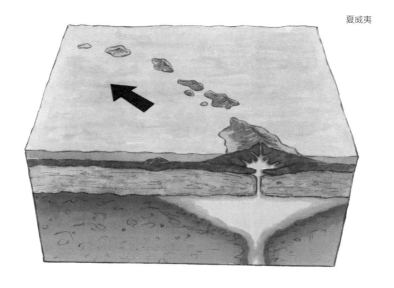

夏威夷

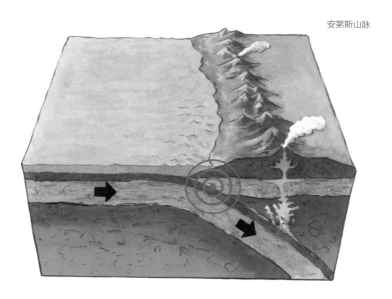

安第斯山脉

从太空看地球

1957 年，苏联发射了第一颗人造地球卫星斯普特尼克 1 号，同时启动了美苏的太空竞赛，这时还很少有科学家认同我们的地球表面一直处于运动状态。不过，不出 10 年，这种观点就变得广为接受，但要想证实这一点，还得再花上 30 年的时间，另外还需要更多人造卫星的帮助。

而且这一次，和之前声呐和潜艇被用于海洋科考一样，人们再次将为了全球战争而设计的监控和瞄准弹道导弹的精确卫星跟踪和重力场测量系统用于寻找地表运动的证据。1986 年，经 5 年空间监测，人们发现美国和挪威的地面卫星接收站之间的距离以每年 2 厘米的速度增大，而夏威夷和东京之间的海底距离以每年 8 厘米的速度缩短。这与根据地质学家此前计算出的数百万年来的地质平均移动速率所做出的预测完全一致。

现代板块研究从以海洋为基础转变为以太空为观察前哨，为我们研究地球动力学开辟了一个全新的领域。新型的欧洲哨兵系列卫星等可以探测到地表毫米级的变化，对某场地震及火山爆发等地表运动进行成像。更令人惊讶的或许是重力测量系统，它可以极其细致地区分出大陆和海洋的密度差异。现在，我们可以用海底重力图像找到从前未知的失落大陆的碎片。在印度洋的毛里求斯和塞舌尔群岛的下面是古毛里塔尼亚地质的源头；而在新西兰以外则是沉没的西兰蒂亚。它们不是神话中的陆桥，而是魏格纳失落的泛大陆的现代破碎写照。

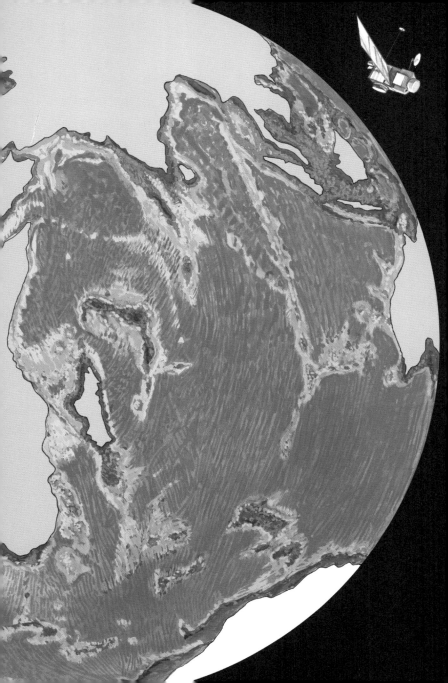

淡蓝色小点

迈入太空改变了我们看待地球的方式。从太空中看，地球就是星光闪闪的天幕上的一个"淡蓝色的小点"。这一图景成了20世纪70年代新兴的整体性科学的标志。英国科学家詹姆斯·洛夫洛克（James Lovelock）曾在美国国家航空航天局负责探测其他行星上的生命。1979年，他提出了"盖亚假说"，认为地球上的生命及其所处环境形成了一个自我调节的单一系统，以维持宜居状态。虽然这种理论得到了公众的热烈响应，但却遭到了科学界的强烈反对。

事实上，这并不是什么新鲜的观点。早在1783年，现代地质学之父詹姆斯·赫顿（James Hutton）就在他的开创性著作《地球的理论》中谈到了地球生理学，他写道："地球就仅仅是……一台机器吗……难道它不是个有机体吗？"一个世纪后，杰出的地质学家爱德华·修斯创造了"生物圈"一词，用来描述"生活在岩石圈以上的所有生命体整体"，并将海水重新命名为"水圈"，他认为地球上所有的圈层（包括大气圈）都是紧密相连的。

今天，赫顿、修斯和洛夫洛克相互关联的知识体系定义了现代地球系统科学，其核心就是板块构造学说，但是地球的神奇之处绝非只有板块构造学说的刚性齿轮和轮子。板块构造调节着地球活动，不仅包括地壳，也包括水及其他生命必需成分，它们都会经板块运动循环流动。我们的岩石质邻居——水星、火星、金星和月球——表面全是岩石，地质构造可能曾经较为活跃，但现在缺乏板块运动，因此变得干涸而没有生机。而在距太阳最近的第三颗行星上，即我们称之为"家园"的地方，生命生生不息，这要归功于板块运动的作用。

拓展阅读

Peter Molnar, *Plate Tectonics A Very Short Introduction* (Oxford University Press, 2015).

Naomi Oreskes, *Plate Tectonics An Insider's History of the Modern Theory of the Earth* (revised edn; Westview Press, 2003).

Naomi Oreskes, *The Rejection of Continental Drift: Theory and Method in American Earth Science* (Oxford University Press, 1999).

Robert Muir Wood, *The Dark Side of the Earth* (HarperCollins, 1986).

Mott T. Greene, *Alfred Wegener: Science, Exploration, and the Theory of Continental Drift* (Johns Hopkins University Press, 2015).

Henry R. Frankel, *The Continental Drift Controversy: Evolution into Plate Tectonics* (Cambridge University Press, 2016).

John McPhee, *Annals of the Former World* (Farrar, Straus & Giroux Inc., 2000).

John McPhee, *Assembling California* (Josef Weinberger Plays, 1994).

Jack Oliver, *Shocks and Rocks: Seismology in the Plate Tectonics Revolution* (Atlantic Books, 1986).

Hazel Rymer and Stephen Drury, *Earth's Engine* (5th edn, Open University, 2013).